石油炼化岗位员工基础问答

常减压蒸馏装置基础知识

刘子媛　编

石油工業出版社

内 容 提 要

本书以知识问答的形式介绍了常减压蒸馏装置的基础知识，主要包括原油蒸馏原理、原油蒸馏工艺流程、原油常压塔、原油减压塔、原油脱盐脱水、原油蒸馏的换热方案及腐蚀与防腐等。

本书可供广大炼油厂、石油化工厂员工使用，也可作为石油院校相关专业学生炼油厂实习的辅助教材。

图书在版编目（CIP）数据

常减压蒸馏装置基础知识 / 刘子媛编 .—北京 ：石油工业出版社，2020.6

（石油炼化岗位员工基础问答）

ISBN 978-7-5183-3978-5

Ⅰ.①常… Ⅱ.①刘… Ⅲ.①常减压蒸馏 - 减压蒸馏装置 - 问题解答 Ⅳ.① TE96-44

中国版本图书馆 CIP 数据核字（2020）第 070494 号

出版发行：石油工业出版社

（北京安定门外安华里 2 区 1 号　100011）

网　址：www.petropub.com

编辑部：（010）64243881　图书营销中心：（010）64523633

经　　销：全国新华书店

印　　刷：北京中石油彩色印刷有限责任公司

2020 年 6 月第 1 版　2020 年 6 月第 1 次印刷

850×1168 毫米　开本：1/32　印张：2.875

字数：60 千字

定价：30.00 元

序

石油是当今世界最重要的一次能源，是国民经济和国防建设中不可缺少的物资之一，占世界能源消费结构的35%左右和全世界运输能源消费结构的90%以上，在国民经济中占有举足轻重的地位。随着石油工业的快速发展，炼油化工技术不断发展，炼油化工行业急需大量既掌握炼油基础理论知识、又拥有丰富生产实践经验的一线操作人员、技术人员和管理人员。为了提高炼油化工企业职工的基础理论和专业技术水平，造就一大批有理论、懂技术的专业职工队伍，需要大量石油炼化基础知识方面的工具书，《石油炼化岗位员工基础问答》丛书的出版可以大大丰富相关领域的图书品种。

该丛书在内容上涵盖了炼油化工行业大部分工艺装置，其最大特点是以介绍基础理论知识为主线，理论与实践相结合，可使从事炼油化工相关工作的专业技术人员对炼油化工基础知识有一个比较深入、全面的了解。在普及炼油化工技术知识的同时，提高职工队伍的整体素质。

该丛书的内容按照石油加工流程所涉及的装置分为《常减压蒸馏装置基础知识》《催化裂化装置基础知识》

《延迟焦化装置基础知识》《催化加氢装置基础知识》《催化重整装置基础知识》以及《石油及石油产品基础知识》等，每本书都以问答的形式系统地介绍了相关专业领域的基础理论知识，对了解石油及其产品，以及油品生产加工装置的基本概念、原理、工艺过程、影响因素等具有重要的帮助作用。

该丛书不但适合炼油化工行业的相关从业人员作为培训教材及装置技术比武的参考资料，而且还可作为石油院校相关专业学生的专业实习参考用书。另外，对炼油化工行业以外的科技人员及民众了解石油产品及其加工过程也有重要的参考作用，出版价值较高。

中国石油大学（华东）化学工程学院院长

前　言

常减压蒸馏装置决定着整个炼油过程的物料平衡，是炼油厂的“龙头”装置，在炼化生产中起着重要的作用。为了使广大炼油厂、石油化工厂员工以及相关院校学生能够快速熟悉和掌握常减压蒸馏装置的相关基础理论知识，编写了《常减压蒸馏装置基础知识》一书。

本书采用问答的形式对常减压蒸馏装置中原油蒸馏原理、工艺流程、常减压蒸馏塔、原油脱盐脱水、换热方案、腐蚀与防腐等做了介绍。对于书中涉及的概念和知识的叙述，尽可能做到科学标准、通俗易懂。本书可以作为炼油厂生产技术人员和操作人员培训、技术考级、技术练兵和技能比武的基础理论教材，也可以作为相关院校学生炼油厂实习的辅助教材。

本书在编写过程中得到了中国石油大学（华东）化学工程学院化学工程系各位老师的大力支持和帮助，在此表示衷心的感谢。由于编者水平有限和经验不足，加之对部分问题理解不深，书中难免存在不足之处，敬请读者批评指正。

编　者

目　录

第一章　原油蒸馏原理

◇◇

1. 从石油中提炼出各种石油产品的基本途径是什么？

答：石油是极其复杂的混合物，要从原油中提炼出多种多样的燃料、润滑油和其他产品，其基本途径如下：将原油分割为不同沸程的馏分，然后按照油品的使用要求，除去这些馏分中的非理想组分，或者是经由化学转化成所需要的组分，进而获得合格的石油产品。

2. 什么是蒸馏？蒸馏的依据是什么？

答：将液体混合物加热，使其部分汽化，然后将蒸气引出冷凝为凝液，使液体混合物得到分离的过程称为蒸馏。蒸馏的依据是混合物中各组分沸点（挥发度）的不同。

3. 为什么说蒸馏在石油加工过程中有十分重要的作用？

答：炼油厂必须解决原油的分割和各种石油馏分在加工过程中的分离问题。而蒸馏是一种最经济、最容易实现的分离手段。在炼油厂中，几乎每一个工艺都用到蒸馏。例如，通过原油的蒸馏可以得到直馏汽油、煤油、轻柴油、重油等馏分，也可以按不同生产方案通过蒸馏来获得二次加工原料。在石油的二次加工过程（如催化裂化、焦化、重整等）中，反应产物的分离也都离不开蒸馏。由此可以看出蒸馏在石油加工过程中的重要性。

4．什么是气—液平衡状态？

答：置于密闭容器中的液体，在一定温度下，蒸发和冷凝同时存在，开始时蒸发速度大于冷凝速度，随着蒸发出分子数的增加，冷凝速度也相应增大，此过程进行到最后，蒸发速度等于冷凝速度，达到动态平衡，该状态即为气—液平衡状态。

对于石油馏分，在一定的温度和压力下，保持馏分气、液两相共存，而且气、液两相的相对量（汽化率）和两相中的各组分都不再发生变化，这时即达到了气—液平衡状态。

5．气—液平衡有哪些特征？

答：气—液平衡具有以下特征：

（1）气相和液相温度相等；

（2）气相和液相中的组成保持稳定，不再变化；

（3）混合物各组成同时存在于气—液两相，每一组分都处于平衡状态；

（4）不同的外界条件，可以建立不同的相平衡状态。

6．气—液平衡关系有哪几种表示方法？

答：气—液平衡关系的表达方法通常有 3 种。

（1）直接列表或用坐标图表示气相组成与液相组成直接的对应关系，这种对应关系简单且直观。

（2）使用平衡常数 K_i 表示气相组成与液相组成之间的对应关系，计算方法如下：

$$K_i = \frac{y_i}{x_i}$$

式中　x_i——液相中组分 i 的摩尔分数；

y_i——气相中组分 i 的摩尔分数。

气—液平衡时必须满足下式：

$$\sum y_i / K_i = 1$$

$$\sum K_i x_i = 1$$

其中 K_i 是温度、压力和组成的函数。

（3）使用相对挥发度 α 表示两个组分相对的气—液平衡关系。

该方法通常用来计算两组分分离过程，而对于多组分平衡分离过程，还可以采用分离因子（相对挥发度）来表示气—液平衡关系，组分 i 对组分 j 的相对挥发度 α_{ij} 定义为

$$\alpha_{ij} = \frac{y_i / x_i}{y_j / x_j} = \frac{K_i}{K_j}$$

7．什么是油品的泡点温度？

答：在一定压力下加热油品，当温度升高到某一数值时，油品开始汽化，油品刚刚出现第一个气泡时的温

度称为泡点温度，或称为平衡汽化 0% 温度。

8．什么是油品的露点温度？

答：油品加热到泡点温度后，继续升高温度使油品不断汽化，油品刚刚全部汽化时的温度称为露点温度，也称平衡汽化 100% 温度。

9．什么是饱和液体和饱和气体？

答：处于泡点状态的液体称为饱和液体，处于露点状态的气体称为饱和气体。

10．什么是过冷液体和过热气体？

答：温度低于泡点温度的液体称为过冷液体，温度高于露点温度的气体称为过热气体。

11．泡点温度和露点温度哪个高？

答：对于纯物质，泡点温度等于露点温度，都等于纯物质的沸点；对于混合物，泡点温度低于露点温度。

12．蒸馏方式可分为哪几种基本类型？

答：蒸馏可分为 3 种基本类型：闪蒸（平衡汽化）、简单蒸馏（渐次汽化）和精馏。

13．什么是闪蒸？

答：液体进料被加热至部分汽化，经过减压设施，在一个容器（如闪蒸罐、闪蒸塔、蒸馏塔的汽化段等）的空间中，在一定的压力和温度下，气、液两相迅速分离，得到相应的气相和液相产物，此过程即为闪蒸。

图 1–1 显示了闪蒸过程。

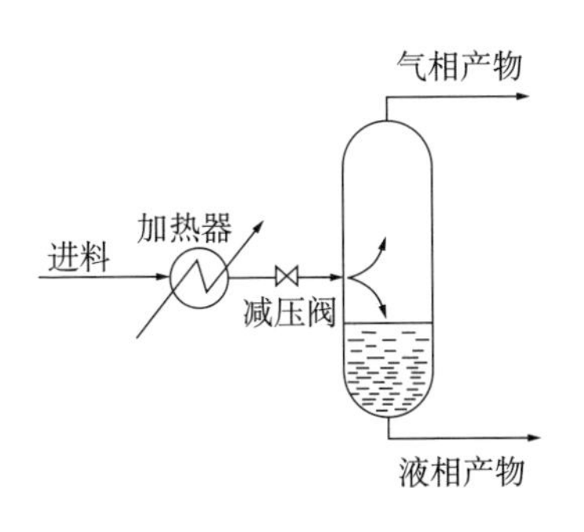

图 1–1　闪蒸过程

14. 什么是平衡汽化和平衡冷凝？实际生产中是否存在平衡汽化？

答：如果在闪蒸过程中，气、液两相有足够的时间密切接触，达到了平衡状态，则称为平衡汽化。平衡汽化的逆过程称为平衡冷凝。

在实际生产中，并不存在真正的平衡汽化，因为气、液两相不可能有无限长的接触时间和无限大的接触面积。因此，在适当的条件下，气、液两相只能达到接近于平衡，而非真正达到相平衡，此时可以近似地按平衡汽化来处理。例如，在原油蒸馏装置中，原油流经换热器、加热炉加热，从开始汽化起，在所流经的每一点位置上的原油，都可近似视为在该点温度、压力下处于气—液平衡状态的气、液两相。

15. 闪蒸过程的特点是什么？

答：闪蒸过程一般有平衡汽化和平衡冷凝两种情况，都可以使混合物得到一定程度的分离，气相产物中含较多的低沸点组分，液相产物中含较多的高沸点组分，但所有组分都同时存在于气、液两相中。因此，闪蒸过程只是一个粗略的分离过程。

16. 什么是简单蒸馏？

答：液体混合物在蒸馏釜中被加热，在一定压力下，当温度达到混合物的泡点温度时，液体开始汽化，生成微量蒸气。生成的蒸气当即被引出并冷凝冷却后收集起来，同时液体继续加热，继续生成蒸气并被引出。这种蒸馏方式称作简单蒸馏或微分蒸馏。

简单蒸馏是一种间歇过程，一般只是在实验室中使用，如广泛用于测定油品馏程的恩氏蒸馏，可以近似看作简单蒸馏。

图 1–2 显示了简单蒸馏的基本流程。

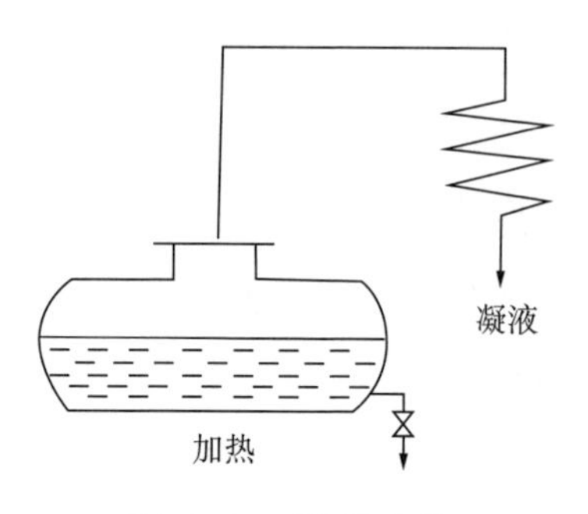

图 1–2　简单蒸馏

17. 为什么简单蒸馏又称为渐次汽化？

答：在简单蒸馏过程中，每个瞬间形成的蒸气都与残液处于平衡状态，由于形成的蒸气不断被引出，因此，在整个蒸馏过程中，所产生的一系列微量蒸气的组成是不断变化的。最初得到的微量蒸气含轻组分多，但随着温度的升高，相继形成的蒸气中的轻组分浓度逐渐降低，而残液中的重组分浓度不断增大。但每一瞬间产生的蒸气总是与此时的残液呈近似平衡状态。因此，从本质上看，简单蒸馏过程是由无数次平衡汽化所组成的，是渐次汽化过程。

18. 与平衡汽化相比，简单蒸馏的分离效果如何？

答：与平衡汽化相比，简单蒸馏所剩下的残液是与最后一个轻组分含量不高的微量蒸气相平衡的液相，而平衡汽化时剩下的液体是与全部气相处于平衡状态的，因此简单蒸馏所得的液体中的轻组分含量会低于平衡汽化所得的液体中的轻组分含量，也即简单蒸馏的分离效果优于平衡汽化。但由于简单蒸馏基本上无精馏效果，分离程度不高。

19. 什么是精馏？

答：精馏是在特定设备精馏塔中，液体混合物连续多次进行部分汽化和部分冷凝，不平衡的气、液两相通过多次逆流接触，进行热交换和物质交换，最后达到有效分离混合物的过程。精馏可以连续有效地分离液体混合物，得到纯度和收率都较高的产品。

20. 精馏有哪两种方式?

答：精馏可分为间歇式和连续式两种。现代石油加工装置中都采用连续式精馏，而间歇式精馏则由于是一种不稳定过程且处理能力有限，因而只用于小型装置和实验室（如实沸点蒸馏等）。

21. 连续式精馏是如何实现的?

答：连续式精馏是在连续精馏塔内完成的。连续精馏塔（图 1–3）通常以进料段（汽化段）为界分为两段，进料段以上是精馏段，进料段以下是提馏段，因此是一种完全精馏塔。

精馏塔内装有提供气、液相接触的塔板或填料。塔顶有冷凝冷却器，提供塔顶冷回流；塔底有再沸器，提供塔底气相回流。由于塔顶冷回流和塔底气相回流的作用，沿精馏塔高度建立了两个梯度：(1) 自塔底至塔顶逐级下降的温度梯度；(2) 气、液相中轻组分自塔底至塔顶逐级增大的浓度梯度。

由于上述两个梯度的存在，在每一个气—液平衡接触级（如塔板或填料）中，由下而上的较高温度和较低轻组分浓度的气相与由上而下的较低温度和较高轻组分浓度的液相互相接触，进行传热传质，达到平衡而产生新的气、液两相，使气相中的轻组分和液相中的重组分分别得到提纯。经过多次气、液相逆流接触，最后在塔顶得到较纯的轻组分，在塔底得到较纯的重组分。因此，连续精馏的分离效果要远远优于平衡汽化和简单蒸馏。

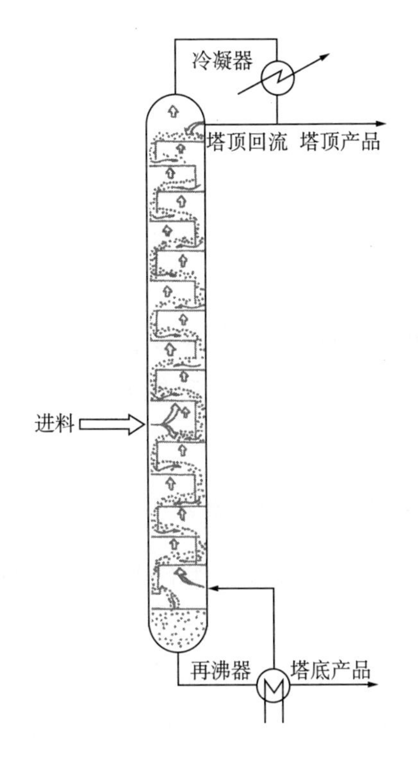

图 1–3　连续精馏塔

22. 实现精馏的必要条件是什么？

答：由于精馏的实质是不平衡的气、液两相密切接触，进行相间的传热传质，即较高温度的气相加热较低温度的液相，使液相中较轻组分进入气相，较低温度的液相使较高温度的气相中部分重组分冷凝进入液相，最终达到气、液相平衡的过程。因此，实现精馏必须具备以下条件：

（1）使气、液两相充分接触的设备，如各种型式的塔板或填料；

（2）塔顶提供自上而下的液相回流，塔底提供自下而上的气相回流；

（3）沿塔高存在温度自下而上逐渐下降的温度梯度；

（4）沿塔高存在轻组分浓度自下而上逐渐增加的浓度梯度。

即精馏塔内沿塔高的温度梯度和浓度梯度的建立以及接触设施的存在是精馏过程得以进行的必要条件。

23. 什么是恩氏蒸馏？

答：恩氏蒸馏（ASTM 蒸馏）是一种简单蒸馏，是以规格化的仪器和在规定的实验条件下进行的。恩氏蒸馏本质上是渐次汽化，基本无精馏作用，不能显示各组分的沸点。但恩氏蒸馏数据可以计算其他物性参数，是油品最基本的物性数据之一。

24. 什么是实沸点蒸馏？

答：实沸点蒸馏（TBP）是一种间歇精馏，分离效果好。实沸点蒸馏数据是在规格化蒸馏设备（17 块理论板）中和规定条件下测得的，可大体反映各组分沸点的变化，主要用于原油评价，但费时费力。近年来出现了省时省力的气相色谱法来模拟实沸点蒸馏，但此法不能得到一定的窄馏分样品，还不能完全替代实验室实沸点蒸馏。

25. 什么是石油及石油馏分的蒸馏曲线？

答：由蒸馏（如恩氏蒸馏、实沸点蒸馏以及平衡汽化）所获得的馏出温度和馏出体积之间的关系曲线即蒸馏曲线。如以馏出体积为横坐标，馏出气相温度为纵坐标作图，可分别得到实沸点蒸馏曲线、恩氏蒸馏曲线和平衡汽化曲线。

26. 实沸点蒸馏、恩氏蒸馏和平衡汽化三种蒸馏方式的分离效果如何？

答：平衡汽化分离效果最差；恩氏蒸馏是一种简单蒸馏，分离效果居中；实沸点蒸馏是一种间歇精馏，分离效果最好。

将同一种油品的实沸点蒸馏曲线、恩氏蒸馏曲线和平衡汽化曲线画在同一张图中进行比较（图 1–4）。

从图中可以看出，就曲线的斜率而言，实沸点蒸馏曲线的斜率最大，恩氏蒸馏曲线比较陡，平衡汽化曲线最平缓。曲线斜率的大小反映了分离效果的好坏，斜率越大，分离效果越好。

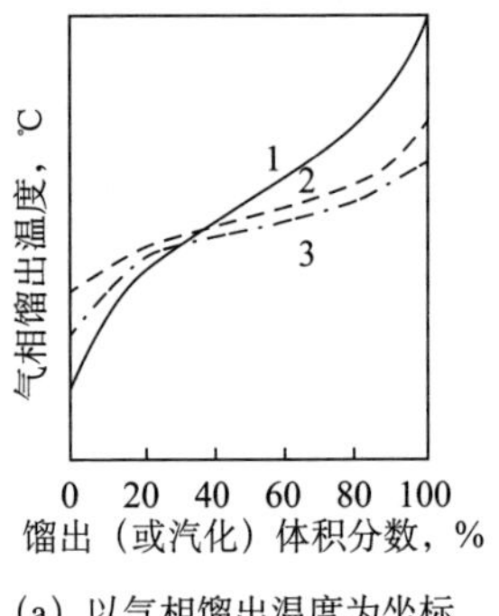

(a) 以气相馏出温度为坐标

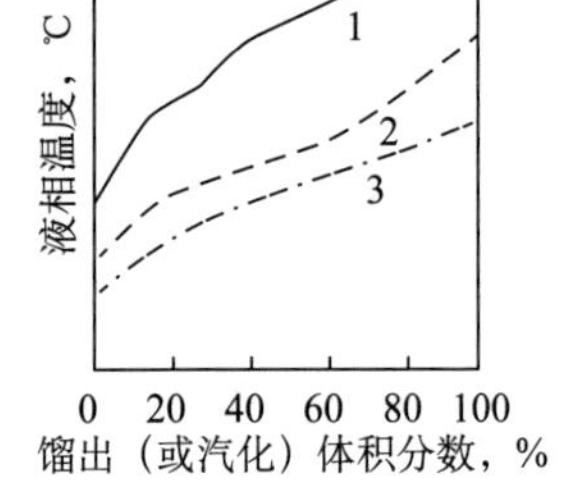

(b) 以液相温度为坐标

图 1–4　三种蒸馏曲线的比较

1—实沸点蒸馏曲线；2—恩氏蒸馏曲线；3—平衡汽化曲线

27. 若要得到相同的汽化率，实沸点蒸馏、恩氏蒸馏和平衡汽化哪种蒸馏方式所需的温度最低？

答：从图 1–4（b）中可以看出，要得到相同的汽化率，实沸点蒸馏所需温度最高，恩氏蒸馏次之，平衡汽化最低。因此，虽然平衡汽化分离效果最差，但在炼油厂却被广泛应用，原因就是在同样汽化率的前提下，其所需的温度最低，这样就减轻了加热设备的负荷。

28. 恩氏蒸馏、实沸点蒸馏和平衡汽化三种蒸馏方式的本质、测定条件、分离效果和用途有何不同？

答：恩氏蒸馏、实沸点蒸馏和平衡汽化三种蒸馏方式的对比见表 1–1。

表 1-1　恩氏蒸馏、实沸点蒸馏和平衡汽化的对比

项目	恩氏蒸馏	实沸点蒸馏	平衡汽化
本质	简单蒸馏	间歇精馏	平衡汽化
测定条件	规格化的仪器和规定的实验条件	规格化蒸馏设备(17 块理论板)、规定条件	一定压力、温度
分离效果	基本无精馏作用，不能显示各组分的沸点	分离效果好，可大体反映各组分沸点变化	受气、液相平衡限制，分离效果差，仅相当于一块塔板的分离能力
用途	反映油品汽化性能，计算其他物性参数	主要用于原油评价	确定在不同汽化率下的温度或某温度下的汽化率

第二章　原油蒸馏工艺流程

◇◇

1．什么是工艺流程和原理流程图？

答：所谓工艺流程，是指一个生产装置的设备、机泵、工艺管线和控制仪表按生产的内在联系而形成的有机组合。有时，为了简单明了起见，在图中只列出主要设备、机泵和主要工艺管线，这就称为原理流程图。

2．原油蒸馏装置的工艺流程由哪几个系统组成？

答：为了通过原油蒸馏装置从原油中得到合乎要求的各种馏分油并取得良好的经济效益，除原油蒸馏塔以外，还必须配置换热器、加热炉、冷凝冷却器、机泵及自动检测和控制仪表等设备。这些设备按一定关系用工艺管线连接起来，组成一个有机整体，这就形成了原油蒸馏装置的工艺流程，主要由 5 个系统组成，即：

（1）由脱盐罐等构成的原油脱盐脱水系统；

（2）由换热器、常压炉和减压炉等构成的原油换热、加热系统；

（3）由初馏塔、常压蒸馏塔（简称常压塔）、减压蒸馏塔（简称减压塔）、汽提塔以及回流、抽真空系统等构成的原油蒸馏系统；

（4）产品的冷凝冷却系统；

（5）自动检测和控制系统。

3．原油蒸馏流程主要考虑哪些方面的问题？

答：原油蒸馏流程主要考虑以下 4 个方面的问题：流程方案的制订、汽化段数的确定、回流方式的选择和换热方案的选择。

4．什么是汽化段数？

答：汽化段数是指在原油蒸馏流程中，原油被加热汽化蒸馏的次数。汽化段数与流程中的蒸馏塔的个数密切相关。例如，只有一个常压塔的拔头蒸馏就是所谓的一段汽化；流程中有常压塔和减压塔两个塔的蒸馏经过了两次加热汽化，则为两段汽化。国产原油多为中质或重质原油，轻质油品含量较低，为了蒸出更多的馏分油作为二次加工原料和充分回收剩余热量，中国炼厂一般采用两段汽化的常减压蒸馏。

5．在哪些情况下，原油加工方案中设初馏塔？

答：一般在以下情况下需要设初馏塔：

（1）原油中轻馏分含量多。

一般轻馏分含量大于 20% 时，设初馏塔，其目的是减少换热器和管路的阻力。

（2）原油乳化现象比较严重，脱盐、脱水都不充分。

因脱水不充分，水会汽化，造成系统的压力降增大；含盐量高时，盐会在系统中结垢，严重时会堵塞管路。

（3）原油的含砷量高，又要出重整原料。

含砷量高的原油，如不设初馏塔而直接进常压塔，则会使重整原料的含砷量成倍增加。这是因为重整原料的含砷量不仅与原料有关，还与加热温度有关，加热温度高，重整原料的含砷量就会增加。这样的重整原料不仅会使加氢精制催化剂中毒，而且精制后的原料含砷量仍达不到重整原料的要求。

（4）原油含硫量高。

加工含硫原油时，温度超过 160 ~ 180℃，某些硫化物会分解释放出 H_2S，H_2S 与原油中的盐水解出的 HCl 共同作用，会造成设备的循环腐蚀，之所以是循环腐蚀，是因为：

$$Fe+H_2S \longrightarrow FeS+H_2$$

$$FeS+2HCl \longrightarrow FeCl_2+H_2S$$

因此，当原油含硫量高时，设初馏塔，把大部分腐蚀转移到初馏塔中，从而减轻了对常压塔顶部气相馏出管线和冷凝冷却器的腐蚀，这在经济上是合理的。

6．炼厂蒸馏装置的工艺流程可以分为哪几类？

答：按蒸馏产品用途不同，原油蒸馏工艺流程可大致分为燃料型、燃料—润滑油型、燃料—化工型及燃料—润滑油—化工型4类。

7．燃料型加工方案有哪些特点？

答：燃料型加工方案的目的产品基本上都是燃料。为了尽量提高轻质燃料产品的收率，燃料型蒸馏流程常采用常减压蒸馏流程，其特点如下：

（1）一般设置初馏塔或闪蒸塔；

（2）常压塔设三四个侧线，各侧线均设汽提塔；

（3）减压塔侧线出催化裂化或加氢裂化原料，馏分简单，要求不高，一般设二三个侧线，减压塔侧线不设汽提塔；

（4）对减压塔的操作应以提高拔出率为主。

8．燃料—润滑油型加工方案有哪些特点？

答：燃料—润滑油型加工方案采用的都是常减压蒸馏流程，其中的减压塔是润滑油型减压塔，常压塔出的是轻质燃料。减压系统则具有以下特点：

（1）减压系统流程比燃料型复杂。由于要从减压塔生产各种润滑油原料组分，因此一般设四五个侧线，且每个侧线均设汽提塔，以满足对润滑油原料组分的闪点和馏程要求。

（2）为防止常压重油因局部过热而裂解，必须控制减压炉管内最高油温不得大于395℃。

（3）减压蒸馏系统中的减压炉管内和减压塔底均注入水蒸气，其目的是改善炉管内油流的型式，避免油料局部过热而裂化；降低减压塔内油气分压，以提高减压馏分油的拔出率。

（4）减压塔的进料段与最低侧线抽出口之间设轻油和重油洗涤段，或只设一个重油洗涤段，以改善重质润滑油料的质量。

9．燃料—化工型加工方案有哪两种类型？

答：根据所需求的化工原料不同，燃料—化工型加工方案的流程可分为两种：

（1）拔头蒸馏。所谓拔头蒸馏，是指仅有常压蒸馏的流程，这种流程多采用于使用直馏轻质油裂解制取烯烃时。

（2）常减压蒸馏。这种流程用于既生产轻质燃料，且所需求的化工原料也比较广泛时，也就是说，生产出的产品一部分作为燃料，一部分可以裂解制烯烃，还有一部分可作为重整原料，重质馏分油用作催化裂化原料，这种流程中的减压塔也是燃料型的。

10．燃料—化工型加工方案有哪些特点？

答：燃料—化工型加工方案的减压塔与燃料型相同，其常压塔的特点如下：

(1) 常压塔前一般只设闪蒸塔，闪蒸塔油气进入常压塔中部；

(2) 常压塔产品作为裂解原料，分离要求不高，因此塔板数可以减少；

(3) 常压塔侧线一般设 2 ～ 3 个侧线，不设汽提塔。

11. 在选择原油蒸馏装置的工艺流程时，应考虑哪些因素？

答：在选择原油蒸馏装置的工艺流程时，应考虑以下因素：

(1) 原油的性质，包括原油轻组分含量、原油中各窄馏分的物理化学性质、原油的脱盐脱水程度、含硫含盐等腐蚀物质的数量及含砷量等；

(2) 所要求产品的品种和质量；

(3) 蒸馏装置的处理能力；

(4) 采用先进设备的可能性；

(5) 减少投资和操作费用，提高经济效益。

第三章　常压塔

◇◇◇

1. 常压塔的原料和产品有哪些特点？这些特点对常压塔有什么影响？

答：对于原油蒸馏，只要求其产品是有规定沸程的馏分，而不是某个纯度很高的产品。因此，常压塔的原料和产品都是复杂混合物。这个特点决定了：

（1）不能采用单组分的百分数表示进料组成和控制产品质量，而只能控制馏程、抽出温度等；

（2）产品都满足一定的质量指标，但不能像二元或多元精馏塔一样得到较纯的化合物；

（3）当产品多于两个（如出汽油、煤油、柴油等）时，要用复合塔，且往往是半截塔，也就是说这个塔没有提馏段，但为了保证分馏的精确度，还要有汽提段。

2. 常压塔具有哪些工艺特征？

答：常压塔除具有一般蒸馏塔的特点外，还具有一些自身的特点：

（1）常压塔是复合塔、不完全塔，只有精馏段，没有提馏段；

（2）常压塔下部为汽提段，各侧线产品设汽提塔；

（3）恒摩尔流假定不成立；

（4）全塔热平衡取决于进料带入的热量。

3. 常压塔为什么采用复合塔的型式？

答：按一般多元精馏的方法，原油蒸馏塔要出 n 个产品，则应有（n−1）个蒸馏塔，每个蒸馏塔应具备精馏段、提馏段、提供塔顶液相回流的冷凝冷却器和提供塔底气相回流的再沸器。当要把原油分成 5 种产品时，就需将 4 个蒸馏塔按图 3−1 中所示型式串联或采用其他方式排列。对于分馏精确度要求高的产品，这种方案是必需的。

但在原油这种复杂混合物的精馏中，其所得各种产品本身也还是一种复杂混合物，产品之间的分馏精确度要求并不很高，因此两种产品间分离所需要的塔板数并不多，但处理量却很大，若按图 3−1 中所示方案排列，则需要多个矮而粗的蒸馏塔，其间用油、气管线相连接。这种方案的投资、占地面积、能耗都很高，在大规模生产中矛盾更为突出。

因此，在原油蒸馏中把几个简单蒸馏塔的精馏段重叠起来成为一个塔的精馏段（图 3−2），此塔的下段相当于图 3−1 中蒸馏塔 1 的提馏段。这种塔称为复合塔或复杂塔。

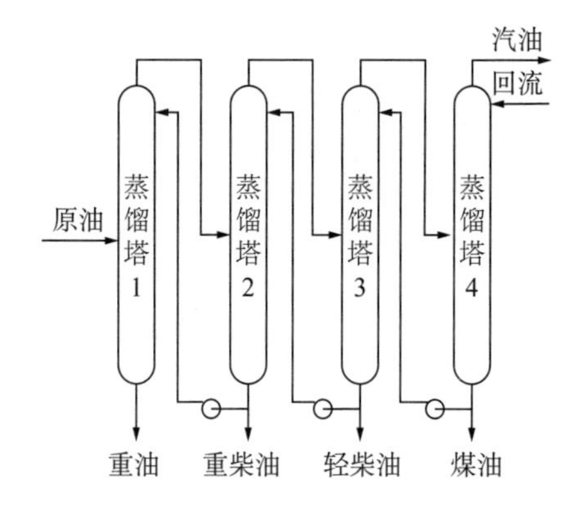

图 3–1　蒸馏塔排列方案

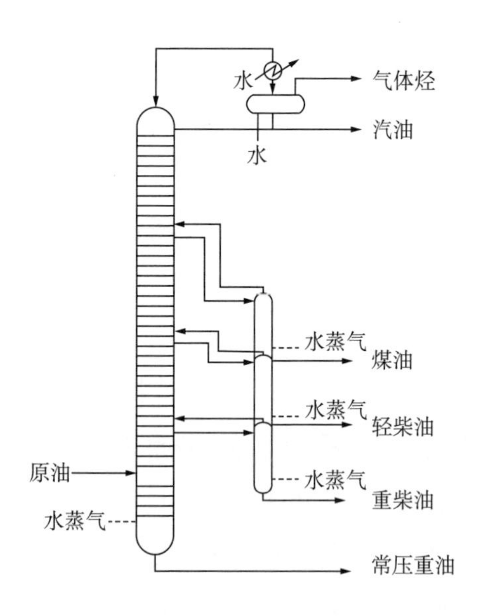

图 3–2　常压塔

4. 复合塔的型式对产品有什么影响？

答：复合塔的分离精确度不高，这是因为每个侧线抽出板上除了该侧线产品的馏分外，还有该板上方的侧线和塔顶产品的较轻组分的蒸气通过，从而影响该侧线产品的馏分组成。但由于石油产品分离精确度要求不是很高，再加上对各侧线进行汽提，因此足以达到要求的分离精度。

5. 常压塔各侧线为什么要设汽提塔?

答：由复合塔的特点可以看出，常压塔在汽油、煤油、轻柴油和重柴油之间只有精馏段而没有提馏段，这样侧线产品中会含有相当数量的轻馏分，必然会影响各侧线产品的质量，出现柴油闪点降低、轻馏分产率下降等问题。为解决这些问题，在常压塔的外侧为各个侧线产品设置相应的提馏段，这些提馏段重叠起来，相互隔离成独立的小塔（图 3–2），称为汽提塔。

6. 汽提塔的作用是什么?

答：汽提塔的作用如下：由塔底通入少量的过热水蒸气，以降低侧线产品的油气分压，使混入侧线产品中的较轻组分汽化，再返回常压塔，这样即保证了轻质产品的数量，又保证了本侧线产品的质量。侧线汽提蒸汽的用量为侧线产品产量的 2% ~ 3%（质量分数）。

7. 常压塔底为什么不设再沸器? 如何保证分离效果?

答：由于常压塔底温度一般高达 350℃，因此提馏段的温度也很高。在这样的高温下，如塔底设再沸器以提供提馏段的气相回流，很难找到合适的热源，加上原油蒸馏塔的处理量很大，再沸器必然十分庞大。因此，常压塔底部大都不设再沸器，而是从塔底注入过热水蒸气，用以降低塔内油气分压，从而使常压塔底重油中的较轻组分汽化。采用过热水蒸气汽提代替再沸器，既能达到分离要求，而且也很简便。塔底汽提蒸汽量一般为塔底负荷的 2% ~ 4%（质量分数）。

8．原油蒸馏塔的汽提蒸汽为什么采用过热水蒸气？

答：原油蒸馏塔的汽提蒸汽一般都是温度为 400 ~ 450℃的过热水蒸气（压力约 0.3MPa），使用过热水蒸气的主要目的是防止将冷凝水带入塔内。

9．常压塔的全塔热平衡有什么特点？

答：常压塔的热量基本上全靠进料带入，这是由于常压塔底不用再沸器，仅用汽提蒸汽带入一部分热量，而且水蒸气的用量也很少，因此大部分的热量是通过进料带入的。

10．常压塔的回流比是依据什么确定的？

答：由于常压塔的热量基本上全靠进料带入，因此常压塔的回流比是由全塔热平衡决定的，而不是像多元精馏塔一样由分离精确度决定。常压塔的回流比的可调余地较小。

11. 为什么常压塔的进料要有适量的过汽化度？过汽化度为多大合适？

答：在实际设计和操作中，为了使常压塔进料段最低一个侧线以下几层塔板上有足够的液相回流，以保证最低侧线产品的质量，原料油进塔后的汽化率应比塔上部各产品的总收率略高一些，高出的部分称为过汽化度。常压塔的过汽化度一般为进料的 2% ~ 4%（质量分数）。

12. 为什么恒摩尔流假定不成立？

答：为简化二元或多元精馏塔的设计计算，对性质和沸点相近的组分所组成的混合物体系，做出恒分子回流的近似假设，即塔内的气、液相的摩尔流量不随塔高变化。

这个近似假设对原油蒸馏塔是完全不能适用的。因为原油是复杂混合物，各组分间的性质差别很大，其摩尔汽化潜热可以相差很远，沸点间可相差数百摄氏度，如常压塔顶部和塔底之间的温差可达 250℃，相邻塔板温差很大。显然，根据二元或多元蒸馏塔中上、下部温差不大，塔内各组分的摩尔汽化潜热相近似为基础所做出的恒分子回流这一假设对常压塔完全不适用。事实上，常压塔内回流的摩尔流量沿塔高会有很大的变化。

13. 常压塔提馏段的温度梯度有什么特点？

答：常压塔进料段以下的提馏段，与完全精馏塔的提馏段不同，在塔底只是通入一定量的过热水蒸气，以降低塔内的油气分压，使一部分轻组分蒸发回到精馏段。由于过热水蒸气提供的热量有限，轻组分蒸发所需的热量主要是依靠物流本身温度的降低提供，因此，在进料段以下，塔内的温度由下往上不是逐步下降，而是逐步增高的。

14. 什么是石油馏分之间的间隙与重叠？

答：所谓石油馏分之间的间隙，是指较轻馏分的恩氏蒸馏终馏点比较重馏分的恩氏蒸馏初馏点低［图 3–3（a）］。在这种情况下，重馏分中没有轻馏分，轻馏分中也没有重馏分，对产品质量有利。

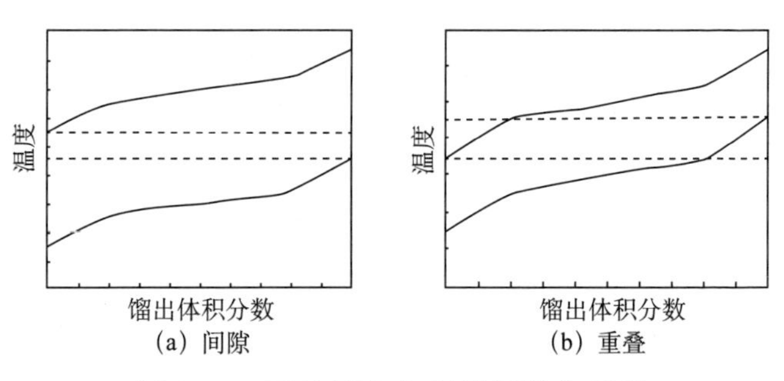

图 3–3　石油馏分之间的间隙与重叠

所谓石油馏分之间的重叠，是指轻馏分的恩氏蒸馏终馏点比重馏分的恩氏蒸馏初馏点高［图 3–3（b）］。显然，馏分之间的重叠表明，轻馏分中含有较重馏分，重馏分中也含有部分轻馏分，对产品质量不利。

15. 石油馏分的分馏精确度怎样表示？

答：通常石油馏分的分馏精确度用两馏分的恩氏蒸

馏间隙和重叠来表示，即

$$ASTM（0 \sim 100\%）间隙 = t_0^H - t_{100}^L$$

若 $t_0^H - t_{100}^L > 0$，则表示两馏分之间有一定的间隙，间隙越大，分馏精确度越高；若 $t_0^H - t_{100}^L < 0$，则表示两馏分之间有重叠，重叠越大，分馏精确度越差。

但在实际应用中，恩氏蒸馏的 t_0^H 和 t_{100}^L 不易准确得到，通常用较重馏分的 5% 点 t_5^H 和较轻馏分的 95% 点 t_{95}^L 之间的差值来表示分馏精确度，即

$$ASTM（5\% \sim 95\%）间隙 = t_5^H - t_{95}^L$$

同理，间隙越大分馏精确度越高，重叠越大分馏精确度越差。

16. 为什么石油馏分之间会出现“脱空”现象？

答：相邻两个石油馏分之所以出现“脱空”现象，是因为恩氏蒸馏是一种粗略的分离过程，恩氏蒸馏曲线并不严格反映各组分的沸点分布。当用实沸点蒸馏曲线来表示相邻两馏分的相互关系时，则只会出现重叠而不会出现间隙。

17. 石油馏分的分馏精确度是由哪些因素决定的？

答：石油馏分的分馏精确度主要由物系中组分之间的分离难易程度（可用相邻两馏分恩氏蒸馏 50% 点温度之差 Δt_{50} 来表示）、回流比和塔板数决定。

18．常压塔的回流比和塔板数一般是怎样确定的？

答：石油馏分的回流比是由全塔热平衡确定的，又加上一般对分馏精确度的要求不高，因此回流比和塔板数一般是凭经验估算得到的。

19．为什么要确定原油蒸馏塔中的气、液相负荷？

答：原油蒸馏塔中的气、液相负荷是设计塔径和塔板水力学计算的依据。由于石油馏分是复杂的混合物，恒摩尔流假设对原油蒸馏塔是不适用的，因此必须对原油蒸馏塔内部的气、液相负荷分布规律进行深入的分析，以便正确地指导设计和生产。

20．原油蒸馏塔内气、液相负荷分布规律的分析工具是什么？

答：原油蒸馏塔内气、液相负荷分布规律的分析工具是塔的热平衡。一般选择几个有代表性的截面，做适当的隔离体系，进行热平衡计算，求出塔板上气、液相负荷。

21．原油蒸馏塔内精馏段气、液相负荷的分布规律是什么？

答：沿塔高自下而上，原油蒸馏塔内液相负荷先缓慢增加，到侧线抽出板，有一个突增，然后再缓慢增加，到侧线抽出板又突增。至塔顶第一块、第二块板之间达到最大，到第一块板又突然减小。而气相负荷一直是缓慢增加的，到第一块、第二块板之间达到最大，到第一块板又突然减小（图 3–4 中实线所示）。

图 3–4 显示了采用中段回流后气、液相负荷分布的变化情况。

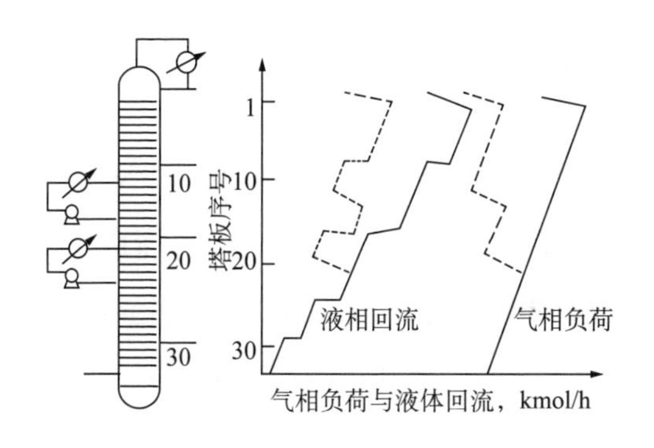

图 3–4　采用中段回流后气、液相负荷分布的变化

- - - -塔顶冷回流和两个中段循环回流；——仅有塔顶冷回流

22. 什么是中段循环回流？有中段循环回流时气、液相负荷的变化规律是什么？

答：中段循环回流是指从塔内某一点抽出一部分液相，经过冷却以后再返回塔内某一块塔板。有中段循环回流时，由于中段回流从塔的中部取走一部分回流热，则其上部的回流量有所减少，因此中段回流以上的气、液相负荷有所减少（图 3–4 中虚线所示）。

23．原油蒸馏塔汽提段的气、液相负荷变化规律是什么？

答：原油蒸馏塔进料的液相部分与过汽化量的液相部分一起向下流入提馏段。原油蒸馏塔底吹入水蒸气，自下而上与向下流动的液相逆流接触，通过降低油气分压，使液相所携带的轻组分油料汽化。因此，在汽提段，由上而下，液相和气相的负荷越来越小，其变化大小视液相携带的轻组分量而定。

24．原油蒸馏塔常采用哪些回流方式？

答：原油蒸馏塔与二元或多元蒸馏塔有很大区别，这就造成了它的回流方式也具有自己明显的特点。除采用冷回流以外，还常采用二级冷凝冷却、塔顶循环回流和中段循环回流。

25．原油蒸馏塔顶常采用哪些回流方式？

答：塔顶回流方式除有冷回流（主要是用来控制产品质量、调节塔顶温度）以外，还有二级冷凝冷却、塔顶循环回流等。

26．什么是塔顶油气二级冷凝冷却？它有什么特点？

答：所谓二级冷凝冷却，就是冷却时分两次，首先将塔顶油气冷却到基本冷凝，仅把回流部分用泵送回塔顶，而将剩下的产品部分送到下一个冷却器冷却到所需的安全温度（图 3–5）。

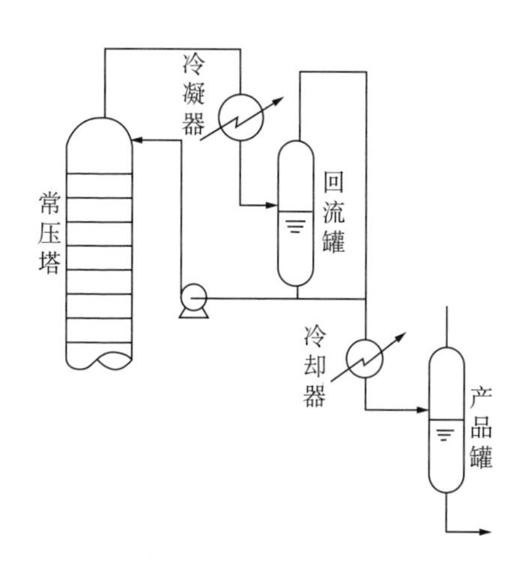

图 3–5　二级冷凝冷却

在第一级冷凝冷却中，油气和水蒸气基本上被冷凝冷却，这里集中了绝大部分的热负荷，由于传热温差大，也就是说热源比冷源的温度高得多，因此传热面积不会太大。

在第二级冷凝冷却中，仅冷却产品部分，虽然传热温差小，但其热负荷占总热负荷的比例小，因此总体来看，二级冷凝冷却所需的总传热面积比一级冷凝冷却小。

27. 二级冷凝冷却有什么优缺点？

答：由于原油蒸馏塔处理量大，若用二元或多元蒸馏塔常用的冷回流，则传热面积大，需要的投资就大，采用二级冷凝冷却可以减少冷凝冷却器的传热面积。但二级冷凝冷却也有它的缺点：由于返回塔顶的是热回流，也就是说返回温度比一级冷凝冷却时高，因而造成内回流量增大，此外流程也更复杂。至于炼油厂中是否采用二级冷凝冷却方案，还应具体情况具体分析。

28. 什么是塔顶循环回流？采用塔顶循环回流的目的是什么？

答：塔顶循环回流是从塔内某块塔板上抽出温度为 t_1 的液相，经冷凝冷却至另一温度 t_2 后，再从塔顶送回塔内（图 3–6）。物流在整个过程中始终处于液相，它只是在塔内外循环流动，借助于换热器取走回流热。塔顶循环回流的目的也是取走塔内的过剩热量。

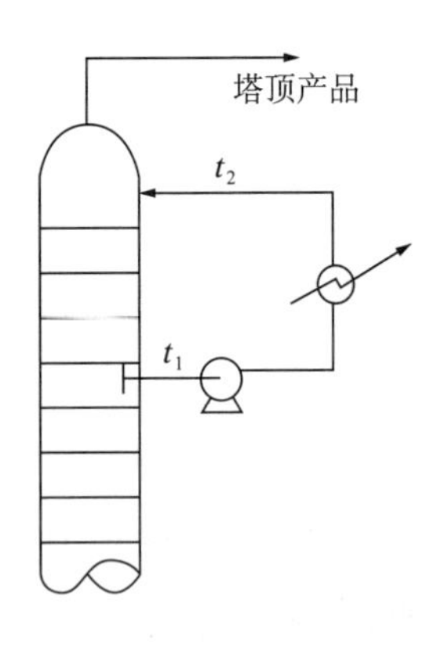

图 3–6　塔顶循环回流

29. 什么情况下采用塔顶循环回流？

答：塔顶循环回流主要应用于以下情况：

(1) 塔顶回流热量大，考虑回收这部分热量，以降低装置能耗。

(2) 塔顶馏出物中含有较多的不凝气。

(3) 要求尽量降低塔顶馏出线及冷却系统的流动压力降，以保证塔顶压力不致过高，或保证塔内有尽可能高的真空度。

30. 原油蒸馏塔为什么要设中段循环回流？

答：原油蒸馏塔采用中段循环回流主要是出于以下两点考虑：

(1) 中段循环回流在塔的中部取走一部分回流热，则其上部回流量可以减少，第一块、第二块塔板之间的负荷也会相应减小，从而使全塔沿塔高的气、液相负荷分布比较均匀，这样在设计时就可以采用较小的塔径，或者对某个生产中的蒸馏塔，采用中段循环回流后可以提高塔的生产能力。

(2) 原油蒸馏塔的回流热数量很大，如何合理回收利用是一个节约能量的重要问题。中段循环回流是原油换热的一个重要热源，由于原油蒸馏塔沿塔高的温度梯度较大，从塔的中部取走的回流热的温位显然要比从塔顶取走的回流热的温位高出许多，更有利于热量的回收利用。

31. 中段循环回流的数量和取热量怎样确定？

答：在炼油厂中，一般 3 ～ 4 个侧线的蒸馏塔采用 2 个中段循环回流，1 ～ 2 个侧线的蒸馏塔采用 1 个中段循环回流。中段循环回流取热量一般占全塔回流热的 40% ～ 60%，回流进出塔的温差在 80 ～ 120℃。

32. 采用中段循环回流有哪些缺点？

答：中段循环回流虽然有许多优点，但也有不足：

(1) 打入冷回流，需增加换热板，使整个塔的塔板数增加，总投资增加。

(2) 循环回流段以上内回流减少，塔板效率降低，因此也需要增加塔板数。

(3) 中段循环回流数目越多，气、液相负荷分布越均匀，但投资也越高，制造工艺也越复杂。

33. 常压塔回流罐的操作压力是怎样确定的？

答：图 3–7 为常压塔顶示意图。炼油厂中通常把产品冷却至 40℃左右，要使产品在该温度下呈液相，则回流罐的压力至少要大于产品在该温度下的泡点压力，即 $p \geqslant p_{泡}$。40℃时汽油或重整原料在 0.1 ~ 0.25MPa 下基本上全部冷凝，因此回流罐的压力不小于 0.1 ~ 0.25MPa。

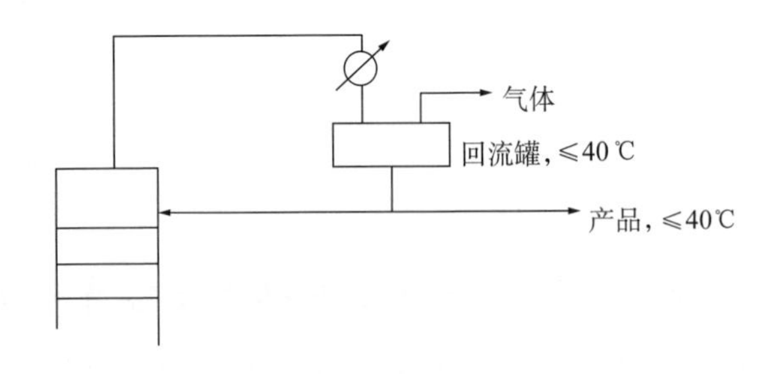

图 3–7 常压塔顶示意图

34. 常压塔顶的压力是怎样确定的？

答：塔顶压力在数值上等于回流罐的压力加上塔顶

馏出物流经管线的压降和冷凝冷却设备的压降，即：

$$p_{塔顶}=p_{回流罐}+\Delta p_{管线}+\Delta p_{冷凝冷却设备}$$

一般经过馏出物管线和冷凝冷却系统的压降之和在0.2 ~ 0.3 个大气压之间。

有了回流罐的压力和各压降，便可以确定塔顶的压力。在中国，常压塔顶压力一般在 1.3 ~ 1.6 个大气压之间，即稍高于常压，这也是常压塔名称的由来。

35．常压塔内各点的压力是怎样确定的？

答：常压塔内各点的压力可以由塔顶压力和塔板压降来确定。

因为油气沿塔自下而上流动，所以塔内压力由下而上逐渐降低。如果知道油气流经各板的压降，就可以确定各板上的操作压力。一般不同类型的塔板基本有其固定的塔板压降范围，各类型塔板压降的范围见表 3–1。

表 3–1　各种塔板的压降

塔板型式	压降，kPa
泡罩	0.5 ~ 0.8
浮阀	0.4 ~ 0.65
筛板	0.25 ~ 0.5
舌型	0.25 ~ 0.4
金属破沫网	0.1 ~ 0.25

由加热炉出口经转油线到精馏塔汽化段的压降通常为0.034MPa，因此，由汽化段的压力即可推算出炉出口压力。

36．常压塔的操作温度是怎样确定的？

答：原则上，在稳定操作状况下，塔内各板上气、液两相基本上达到了气—液平衡。因此，知道了塔内各部位的压力后，各部位的温度便可求得。

塔顶温度等于塔顶油气分压下产品的露点温度（塔顶产品为气相，因此使用露点温度）。

对于各侧线抽出板，温度为侧线板油气分压下产品的泡点温度（侧线产品为液相，因此用泡点温度）。

汽化段温度为在汽化段油气分压下，汽化率为e_F（预定的汽化段中的总汽化率）时的温度。

塔底温度为在塔底油气分压下塔底产品的泡点温度。原油蒸馏装置的初馏塔、常压塔的塔底温度一般比汽化段温度低5～10℃。

计算油气分压需首先知道该处的回流量，因此，求各点温度时需要综合运用热平衡和相平衡两个工具。各温度的计算可采用试差法。

37．进行原油蒸馏塔的工艺计算应收集、整理哪些基础数据？

答：进行原油蒸馏塔的工艺计算应收集、整理如下基础数据：

（1）原料油性质。

如实沸点蒸馏、平衡汽化数据，密度、黏度、特性因数、分子量、含水量等。

（2）装置处理量及正常生产时间。

正常生产时间一般按一年330天约8000小时计算。

（3）产品方案、产品性质（密度、恩氏蒸馏数据）及产率。

（4）汽提水蒸气的温度、压力。

（5）同类型装置的操作数据（便于参考和比较）。

38. 原油蒸馏塔的工艺设计计算的主要内容及步骤是什么？

答：原油蒸馏塔的工艺设计计算的主要内容及步骤如下：

（1）整理、计算原料油、产品的常用性质数据；

（2）确定原料油及产品的物料平衡；

（3）选择合适的汽提方案及汽提蒸汽用量；

（4）选择合适的塔板型式及塔板数；

（5）画出蒸馏塔简图；

（6）确定各部位压力和炉出口压力；

（7）确定进料的过汽化率，计算汽化段温度；

（8）确定塔底温度，可依经验取比汽化段温度低5～10℃便可；

（9）确定塔顶、各侧线抽出温度及回流热分配；

（10）作全塔气、液相负荷分布图；

（11）确定塔径和塔高；

（12）进行塔板水力学计算，决定塔板工艺结构尺寸；

（13）画出委托工艺设计草图。

第四章　减压塔

◇◇◇

1．减压蒸馏的目的是什么？

答：减压蒸馏的目的是从常压重油中蒸出沸点小于550℃的馏分油，以获取尽可能多的润滑油或催化裂化原料。

2．减压塔为什么要在减压下操作？

答：为了从常压重油中分离出沸点高于350℃的馏分油，如果继续在常压下进行加热汽化、分离，必须将常压重油加热到400℃以上的高温，这将导致常压重油发生严重的分解缩合反应，不仅严重降低产品质量，还会加剧设备结焦而缩短装置生产周期。由于物质的沸点与外界压力有关，外压降低，沸点也相应下降，因此，必须将常压重油置于减压条件下蒸馏，以降低重油温度。

3．减压塔的基本要求是什么？

答：减压塔的基本要求是在尽量避免油料发生分解的前提下，尽可能地提高拔出率。

4．减压蒸馏的核心设备是什么？

答：减压蒸馏的核心设备是减压塔及其抽真空系统。

5．减压塔根据生产任务的不同可以分为哪几种类型？

答：根据生产任务的不同，减压塔可分为润滑油型减压塔和燃料油型减压塔。

润滑油型减压塔：为后续的加工过程提供润滑油原料。

燃料油型减压塔：为催化裂化和加氢裂化等提供原料。

6．减压塔的侧线产品有什么用途？

答：减压塔的侧线产品也称为减压馏分油，减压馏分油因残炭值较低，重金属含量很少，更适于制备润滑油和用作裂化原料。根据类型不同，减压塔的侧线产品可提供润滑油原料和裂化原料（包括催化裂化原料、加氢裂化原料等）。

7．减压渣油有哪些用途？

答：减压渣油可作为催化裂化、加氢裂化和焦化等二次加工装置的原料生产轻质油品，或经溶剂脱沥青后生产重质润滑油，以及生产沥青和用作燃料油等。

8．对减压塔的基本要求是什么？

答：对减压塔的基本要求是在尽量避免油料发生分解反应的条件下尽可能多地拔出减压馏分油。

9．减压塔有哪些与“避免分解，提高拔出率”有关的工艺特征？

答：减压塔具有以下与提高拔出率有关的工艺特征：

（1）塔顶设有抽真空系统；

（2）尽量减少馏出管线及冷却系统的压降；

（3）采用低压降的塔板和较少的塔板数，以降低从汽化段到塔顶的流动压降；

（4）增大汽提蒸汽量；

（5）减少裂化反应。

10．减压塔顶为什么设有抽真空系统？

答：由于拔出深度与压力密切相关，即需采用必要的措施来保证减压塔具有足够的真空度，因此采用抽真空系统。

11．减压塔为了减少馏出管线及冷却系统的压降采取了哪些措施？

答：为了保证减压塔的真空度，减少馏出管线及冷却系统的压降，减压塔顶不出产品，塔顶管线仅供抽真空系统抽出不凝气用。由于减压塔顶没有产品，因此塔顶采用循环回流，而不采用冷回流。

12．减压塔为什么多采用填料代替低压降的塔板？

答：减压塔可以采用低压降的塔板，如舌型板、网孔塔板和筛板等，以降低气相通过每层塔板的压降。

目前，国内绝大部分的原油减压塔已经应用规整填料技术进一步降低压降，规整填料原油减压塔的压降已经降低到 1.333 ~ 2.000kPa。其中，燃料型减压塔的压降为 1.333 ~ 1.600kPa，润滑油型减压塔的压降为 1.600 ~ 2.000kPa。

13. 减压塔为什么可以采用较少的塔板数?

答：减压塔一般采用较少的塔板数，以降低从汽化段到塔顶的流动压降。原因如下：

（1）减压下各组分的相对挥发度大为提高，比较容易分离；

（2）一般减压馏分之间分馏精确度的要求比常压馏分低，其产品仅作为后续加工的原料，因此减压塔中两个减压馏分之间只设 3 ~ 5 块塔板就可以满足分离要求。

14. 减压塔为什么采用大汽提蒸汽量?

答：为了降低汽化段的油气分压，减压塔的汽提蒸汽量比常压塔大。但水蒸气用量增加，会使塔内的压降增大，因此从总的经济效益来看，操作压力与汽提蒸汽用量之间有一个最优的配合关系。

15. 为了减少裂化反应，对减压塔采取哪些措施?

答：为了减少裂化反应，减压塔采取了以下措施：

（1）减少渣油在塔底的停留时间。高温有利于裂化，减压塔底的温度比较高，停留时间缩短，裂化反应的量就减小。为了达到这一目的，减压塔底部采用缩径的方法（为了保持液封）。

(2) 为了减少裂化反应，可以向塔底打入急冷油，这样可以使塔底温度降低，从而减少了渣油分解结焦的倾向。

(3) 减压炉出口是减压系统的最高温度部位。降低减压炉出口温度，这是因为温度越高，越有利于油品分解。一般润滑油型减压塔的炉出口温度不超过395℃，燃料型不超过400～420℃。

16．减压塔有哪些由于油气的物性特点而反映出的特征？

答：由于减压塔油气的物性特点而反映出的特征如下：

(1) 塔径大，一般采用多个中段循环回流；

(2) 塔底标高高；

(3) 设破沫网。

17．为什么减压塔的塔径较大？

答：减压塔压力低，使得气体的比容大，油气比容是常压塔的十几倍；而减压塔的最大允许气速是常压塔的2倍。根据下式：

$$D^2 \propto \frac{V}{W_{max}}$$

式中，D为塔径，V为气体的比容，W_{max}为最大允许气速。可得：减压塔的塔径比常压塔大很多。

18．减压塔为什么采用多个中段循环回流？

答：为了减小塔径，且使减压塔内气、液相负荷分布均匀，减压塔采用多个中段循环回流。一般每两个侧线之间设有一个中段循环回流。

19．为什么减压塔底标高较高？

答：减压塔底标高较高，一般在 10m 左右，其目的是为塔底油泵提供足够的灌注头（允许吸上真空度）。图 4–1 为减压塔底示意图。

$$p_1=p+\gamma h-\Delta p$$

根据上式，由于减压塔内的压力 p 较小，因此塔内液柱产生的压力（γh）必须足够高，使 p_1 满足泵的入口压力的要求。

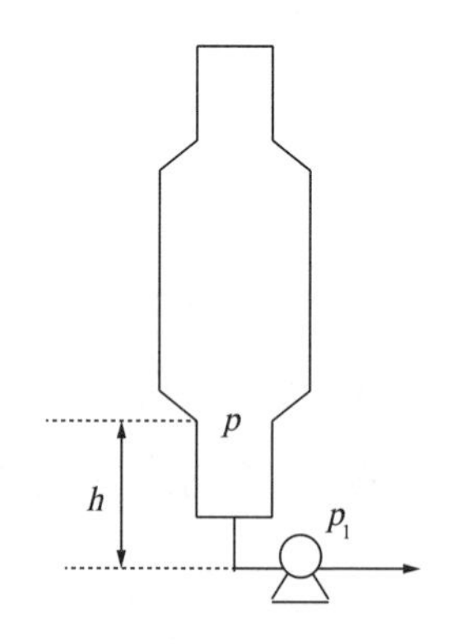

图 4–1　减压塔底示意图

20．减压塔为什么要设破沫网？

答：由于减压塔处理的油较重，黏度大，且可能含有一些表面活性物质，再加上气速高，容易导致气体穿过塔板液层时形成大量的泡沫。为了减少雾沫夹带现象，在塔的进料段和塔顶都设置了破沫网。为了减少携带泡沫，减压塔塔板间距比常压塔大。

21. 燃料型减压塔有哪些工艺要求？

答：燃料型减压塔的作用是提供裂化原料，其基本工艺要求是在控制馏出油中胶质、沥青质和金属含量的前提下，尽量提高馏出油的拔出率，而对馏分组成的要求不是很严格。事实上，常把燃料型减压塔的几个侧线馏分混合到一起作为裂化原料。

22. 燃料型减压塔有哪些工艺特征？

答：燃料型减压塔具有以下工艺特征：

（1）塔板数尽量减少，以降低塔的总压降；

（2）可以大大减少内回流量；

（3）侧线产品不用汽提；

（4）汽化段上方设洗涤段；

（5）气、液相负荷分布与常压塔和润滑油型减压塔有很大不同。

23. 燃料型减压塔的侧线产品为什么不用汽提？

答：由于燃料型减压塔的侧线产品用作裂化原料，对其馏分的分馏精确度要求不高，因此不需要汽提。

24. 减压塔汽化段上方为什么要设洗涤段？

答：虽然对减压塔侧线产品的分馏精确度要求不高，但是必须保证馏出油的残炭值小和重金属含量低，因此在汽化段上方设置了洗涤段，洗涤段中设有塔板和破沫网，以洗去气相携带的杂质。

25. 燃料型减压塔的气、液相负荷分布与常压塔和润滑油型减压塔有什么不同？

答：减压塔内的回流量可以大大减少，在某些塔段甚至可以使内回流量减少到零，除了在汽化段与最低侧线抽出板间要求有内回流外，其余塔段基本没有内回流。因此，燃料型减压塔的气、液相负荷分布无须借助于热平衡和猜算，通过分析可以直接算出。燃料型减压塔的气、液相负荷如图 4–2 所示。

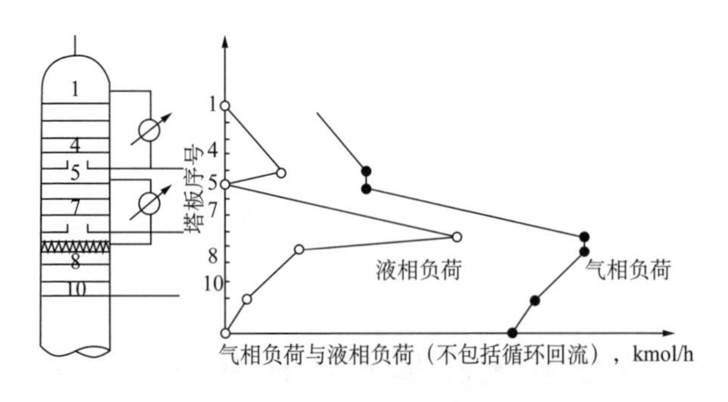

图 4–2　燃料型减压塔的气、液相负荷

26. 润滑油型减压塔有哪些工艺要求？

答：润滑油型减压塔主要为后续加工过程提供润滑

油料，对其质量要求主要是黏度合适、残炭值低、色度好，在一定程度上要求馏程窄。润滑油型减压塔的分馏精确度要求与常压塔相似，因此，它除具有减压塔的共同特征外，其他工艺特征与常压塔相似。

27．抽真空系统主要有几种类型？

答：抽真空系统主要有两种类型：机械真空泵和蒸汽喷射器（泵）。

28．蒸汽喷射器的工作原理是什么？有什么特点？

答：蒸汽喷射器的工作原理是利用高压水蒸气在喷射时形成的抽力，将系统中的气体抽出形成真空。蒸汽喷射器结构简单，没有运转部件，使用可靠，不需要动力机械，且水蒸气在炼厂中也是安全又容易得到的。因此，炼厂中的减压塔广泛采用蒸汽喷射器来产生真空。但蒸汽喷射器的能量利用率极低，只有2%左右。如采用蒸汽喷射器—机械真空泵的组合抽真空系统，则具有较好的经济效益。

29．什么是真空度？

答：真空度＝大气压－塔内残压。残压越低，真空度越高。

30．抽真空系统的作用是什么？

答：抽真空系统的作用是将塔内产生的不凝气和吹

入的水蒸气连续地抽走以保证减压塔的真空度要求。

图 4–3 为抽真空系统流程图。

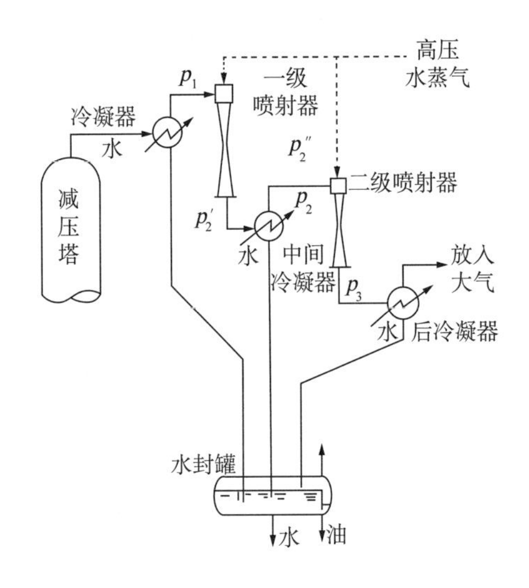

图 4–3　抽真空系统流程图

31. 什么是“大气腿”？

答：冷凝器是在真空下操作的，为了使冷凝水顺利排入大气，防止外界空气进入，排液管内水柱的高度应足以克服大气压力同冷凝器内残压之间的压差以及管内的流动压差。通常此排液管的高度应在 10.33m 以上，炼油厂中俗称此排液管为“大气腿”。

32. 抽真空系统中冷凝器的作用是什么？

答：抽真空系统中冷凝器的作用在于使可凝的油气和水蒸气冷凝并排出，从而减轻喷射器的负荷，冷凝器本身并不形成真空。为了减少冷却水用量，一级喷射器之前的冷凝器也可以用空气冷却器代替。

33. 为什么抽真空系统的残压有一个理论极限值？

答：在抽真空系统的冷凝器中，都会有水存在，水在其本身温度下有一定的饱和蒸气压，则冷凝器内总是会有若干水蒸气。因此，理论上冷凝器中所能达到的残压最低只能达到该处温度下的水的饱和蒸气压。

至于减压塔所能达到的残压，则应在上述理论极限值上加上不凝气的分压、塔顶馏出管线的压降、冷凝器的压降，因此减压塔顶残压比冷凝器中水的饱和蒸气压高得多。例如，20℃时冷凝器所能达到的最低残压为2.3kPa，此时减压塔顶的残压可能高于4.0kPa。

34. 是否可以打破抽真空系统的残压理论极限值？

答：如果要求更高的真空度，就必须打破水的饱和蒸气压这个限制。为此，可以在减压塔顶馏出物进入第一个冷凝器之前，再安装一个蒸汽喷射器使馏出气体升压，这个喷射器称为增压喷射器或增压喷射泵（图4–4）。由于增压喷射器上游没有冷凝器，而是与减压塔顶的馏出线直接相连，因此塔顶真空度就能摆脱水温的限制，减压塔顶的残压相当于增压喷射器所能形成的残压加上馏出管线的压降。但是为了降低能耗，除非特别需要，尽量不使用增压喷射器。

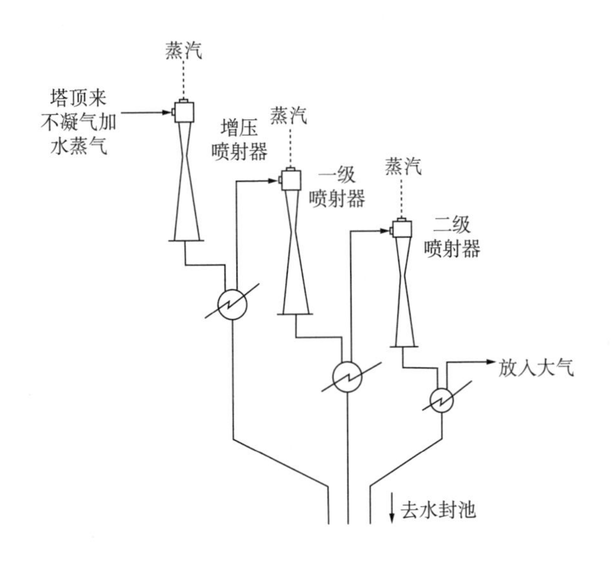

图 4–4　增压喷射器

35. 什么是湿式减压蒸馏技术？实现湿式减压蒸馏采用的主要技术措施有哪些？

答：所谓湿式减压蒸馏，是指依赖于注入水蒸气而降低油气分压的蒸馏方式。实现湿式减压蒸馏采用的主要技术措施如下：

(1) 采用压降小、传质传热效率高的塔板，如用网孔代替浮阀、用填料代替部分塔板，蒸馏塔压降可降低 30% 左右。

(2) 减压炉管逐级扩径，以避免油流在管内出现高温而裂解。

（3）采用低速转油线，以减小转油线管段的压降。一般不大于70m/s。

（4）减压塔进料口与最低侧线抽出口之间设洗涤段，以控制油品的残炭值和胶质含量（目前有一段洗涤、两段洗涤流程）。

36．湿式减压塔存在哪些不足之处？

答：湿式减压蒸馏塔存在如下不足之处：

（1）消耗蒸汽量大；

（2）由于水的分子量小，塔内气相负荷大；

（3）增大了塔顶冷凝冷却器的负荷；

（4）含油污水量大。

37．什么是干式减压蒸馏技术？实现干式减压蒸馏有哪些措施？

答：干式减压蒸馏技术即不依赖于注入水蒸气而降低塔内油气分压的蒸馏技术。由于湿式减压蒸馏塔有许多不足之处，近年来，燃料型减压蒸馏塔倾向于采用干式减压蒸馏技术。实现干式减压蒸馏的措施主要如下：

（1）使用增压喷射器，以提高塔的真空度，塔顶残压可降至1.0kPa；

（2）利用填料代替塔板，达到降低汽化段到塔顶压降的目的；

（3）采用低速转油线，降低减压炉出口到塔入口之间的压降；

(4) 为减少气相携带杂质，塔内设洗涤段和液体分配器。

38. 使用干式减压蒸馏有哪些效益？

答：使用干式减压蒸馏具有以下效益：

(1) 提高了减压塔的拔出率和处理量（可将560 ~ 590℃的高沸点馏分拔出）；

(2) 由于炉出口温度降低，在同样处理量的情况下，减压炉的负荷减小，节省燃料；

(3) 减少冷凝冷却器负荷，减少含油污水量；

(4) 能耗下降；

(5) 操作灵活。

但由于填料造价较高，干式减压蒸馏的投资也较高。

39. 什么是减压深拔技术？

答：减压深拔技术是在常规减压的基础上，采用模型将原油切割成非常窄的馏分，然后按照各切割点的要求将窄馏分进行合成，根据合成后的模拟油品性质配以适当的填料及填料高度，减压炉及减压塔底注入蒸汽，即通过软硬件结合达到“减压深拔”油品技术要求。减压深拔技术的应用，可以使减压炉在430℃的出口温度下安全操作，蜡油与渣油的切割点温度达到580℃，甚至达到630℃。

40. 减压深拔技术的核心是什么？

答：减压深拔技术的核心是对减压炉管内介质流

速、汽化点、油膜温度、炉管管壁温度和注汽量（包括炉管注汽和塔底吹汽）等的计算和选取，以防止炉管内结焦，能保证 4 年以上的生产周期和安全生产。

41. 为什么要采用活化剂强化原油蒸馏？

答：常减压渣油中仍含有 5% ~ 7% 的轻组分，而这部分轻质油的拔出并非是通过提高蒸馏效率所能达到的。而加入活化剂强化原油蒸馏能够将这部分潜含的轻质油分离出来，从根本上提高轻质油的拔出率。

42. 活化剂强化原油蒸馏的原理是什么？效果如何？

答：原苏联学者提出石油为胶体分散体系的理论，通过添加活化剂可以改变原油胶体分散体系的状态，使轻质馏分油容易从液相逸出到气相，从而提高轻质馏分油收率。

由于添加剂、实验条件以及所考查的重油不同，拔出率的增加一般在 0.6% ~ 5%，差别较大。

活化剂强化原油蒸馏不必改变炼厂原有常减压装置，不需大量投资，是合理利用石油资源、提高经济效益的有效方法之一。

第五章　原油脱盐脱水

◇◇◇

1. 为什么原油在蒸馏前要进行脱盐脱水处理？

答：从地层中开采出来的原油中均含有数量不一的机械杂质、C_1—C_2 轻烃气体、水，以及 $NaCl$、$MgCl_2$ 和 $CaCl_2$ 等无机盐类。原油先经过油田的脱水装置处理，要求将含水量降到 0.5%，含盐量降至 50mg/L 以下。但由于油田脱盐脱水设施不完善或原油输送中混入水分，进入炼油厂的原油仍含有不等量的盐和水分，因此原油在蒸馏前必须要先进行脱盐脱水处理，使含盐、含水量能够满足石油加工的要求。

2. 原油中的盐和水是以什么形式存在的？

答：原油中的盐类除小部分呈结晶状悬浮在原油中外，大部分溶于水中。水分大都以微粒状分散在油中，形成较稳定的油包水型乳状液。

3. 原油含盐含水对原油的储运、加工有哪些危害？

答：原油含盐含水对原油的储运、加工、产品质量及设备等均造成很大危害，主要如下：

（1）增加储运、加工设备（如油罐、油罐车或输油管线、机泵、蒸馏塔、加热炉、冷换设备等）的负荷，增加动力、热能和冷却水等的消耗。例如，一座处理能力为 250×10^4t/a 的常减压蒸馏装置，如果原油含水量增加1%，热能耗将增加约 7000MJ/h。

（2）影响常减压蒸馏的正常操作。含水过多的原油，水分汽化，气相体积大增，造成蒸馏塔内压降增加，气速过大，易引起冲塔等操作事故。

（3）原油中的盐类，随着水分蒸发，盐分在换热器和加热炉管壁上形成盐垢，降低传热效率，增大流动阻力，严重时导致堵塞管路，烧穿管壁，造成事故。

（4）腐蚀设备，缩短开工周期。$CaCl_2$ 和 $MgCl_2$ 能水解生成具有强腐蚀性的 HCl，特别是在低温设备部分存在水分时，形成盐酸，腐蚀更为严重。

$$CaCl_2+2H_2O \longrightarrow Ca(OH)_2+2HCl$$

$$MgCl_2+2H_2O \longrightarrow Mg(OH)_2+2HCl$$

加工含硫原油时，会产生 H_2S 腐蚀设备，其生成的 FeS 覆于金属表面，形成一层保护膜，保护下部金属不再被腐蚀。但如果同时存在 HCl，HCl 能与 FeS 反应，破坏保护膜，反应生成物为 H_2S，会进一步腐蚀金属，从而极大地加剧了设备腐蚀。其反应如下：

$$Fe+H_2S \longrightarrow FeS+H_2$$

$$FeS+2HCl \longrightarrow FeCl_2+H_2S$$

（5）原油中的盐类大多残留在渣油和重馏分中，这将直接影响某些产品的质量，如使石油焦的灰分增加、沥青的延度降低等。同时也使二次加工原料中金属含量增加，加剧催化剂的污染或中毒，影响二次加工原料的质量。

4. 原油脱盐脱水须达到的指标是什么？

答：原油进入炼油厂后，进行脱盐脱水，使含水量达到 0.1% ~ 0.2%，含盐量小于 5mg/L。对于有渣油加氢或重油催化裂化过程的炼油厂，要求原油含盐量小于 3mg/L，以满足二次加工过程和产品质量的要求。

5. 什么是斯托克斯（Stokes）定律？其适用范围是什么？

答：球形粒子在静止流体中自由沉降，满足斯托克斯定律，即：

$$u=\frac{d_1^{\ 2}(\rho_1-\rho_2)}{18v_2\rho_2}g$$

式中 u——水滴沉降速度，m/s；

d_1——水滴直径，m；

ρ_1，ρ_2——分别为水和油密度，kg/m^3；

v_2——油的运动黏度，m^2/s；

g——重力加速度，m/s^2。

油和水这两种互不相溶的液体的沉降分离，基本上符合斯托克斯定律。

上式只适用于两相的相对运动速度属于层流区的情况，当水滴直径太小（小于 0.5×10^{-6}m）时，上式也不适用。

6．油水两相自由沉降分离的推动力和阻力是什么？

答：由斯托克斯定律可见，原油和水两相的密度差是自由沉降分离的推动力，而分散介质（原油）的黏度则是阻力。因此，增大油水两相间的密度差，减小原油黏度，均可增加沉降速度。

7．加热对油水沉降分离有什么影响？

答：通过加热，可以降低原油黏度，促进水滴聚结，增大水滴直径；同时，水的密度 ρ_1 随温度升高而下降的幅度比原油密度 ρ_2 变化小，即（$\rho_1-\rho_2$）增大。因此，加热原油有利于油水分离，在原油脱盐脱水中常用加热沉降脱水法。

8．加热沉降脱水的温度为什么不能太高？

答：加热沉降脱水时，温度不能过高，否则原油中轻组分和水会汽化，脱盐罐需采用很高压力才能正常操作，这样会增加设备的投资和操作费用，因此一般加热温度为 100℃左右。

9．为什么原油脱盐脱水的关键是增大水滴直径？

答：根据斯托克斯定律，沉降速度与水滴直径的平方成正比，增大水滴直径可以大大加快沉降速度，因此在原油脱盐脱水过程中，关键是促进水滴聚结，增大水滴直径。

10．什么是乳状液？乳状液分为哪两种类型？

答：乳状液是一种（或多种）液体分散在另一种不互溶液体中所形成的多相分散体系。一般乳状液并不稳定，当存在表面活性剂（也称为乳化剂）时，乳化剂在两液体界面上形成一层吸附膜，从而形成稳定的乳状液。不同性质乳化剂可以使乳状液成为水包油型乳状液或油包水型乳状液。

11．一般原油属于什么类型的乳状液？

答：一般原油都是油包水型乳状液，即水相以 0.1 ～ 10μm 直径的小水滴均匀分散在连续的油相中。

12．原油中的天然乳化剂有哪些？

答：原油中存在的天然乳化剂有环烷酸、胶质和沥青质等，使得原油乳状液十分稳定。

13．影响原油乳状液稳定性的因素有哪些？

答：各种原油形成的乳状液稳定性不同，即使同一油田的原油，其乳状液也有差别，影响原油乳状液稳定性的因素如下：

(1) 原油中所含乳化剂的性质和数量。

（2）原油的黏度。黏度越大，所形成的乳状液越稳定。

（3）水滴直径。水滴直径越小，水相分散程度越高，乳状液越稳定。

（4）乳状液形成的时间。乳状液形成的时间越长，其中的乳化剂越均匀地浓集在水和油的界面上，乳状液越稳定，称为乳状液“老化”，即越老化的乳状液，越难破乳。

14．怎样使已形成乳状液的原油脱盐脱水？

答：要使已形成乳状液的原油脱盐脱水，必须首先破乳，加入破乳剂是破乳的一种重要手段。破乳剂加入原油乳状液中，可以改变水滴表面吸附膜的稳定性，使微小水滴汇集成较大水滴，从而提高了水滴的沉降速度，加速了油水分离。

15．什么是破乳剂？破乳剂起什么作用？

答：破乳剂也是一种表面活性物质，它的性质与乳化剂相反，如果原油的乳化剂是油包水型的，那么就应该加入水包油型的破乳剂。作为表面活性物质，破乳剂能迅速地先分散而后集聚在油水表面，并与原来存在于油水界面的乳化剂进行竞争，夺取乳化剂在界面上的位置，取而代之，破坏原来较牢固的吸附膜，使小水滴比较容易地汇集成大水滴而加速沉降。

16. 破乳剂有哪些类型?

答：常用的破乳剂大都是一些大分子表面活性剂，有离子型和非离子型两种。离子型破乳剂有中性酸渣、中性磺酸植物油和有机磺酸盐类等；非离子型破乳剂多为有机树脂，如聚氧乙烯烷基醇醚等。国内常用的原油破乳剂有 BP–169 聚醚型和 PE–2040 破乳剂（聚丙二醇醚与环氧乙烷的聚合物），每吨原油加入量为 10 ~ 30 μg/g，不同原油所适用的破乳剂品种和用量都有差别，需通过实验室小试筛选确定。

17. 为什么要在电场的作用下脱盐脱水?

答：对于原油所形成的相当稳定的乳状液，即使加入破乳剂，单靠加热沉降的方法，往往需要较长的时间才能把水脱除，而且脱水效果不理想。在工业上实现时，必然会造成脱水设备庞大，脱水效率低下，经济效益差，且很难达到炼油装置对原油含盐含水量的要求。因此，现代炼油厂广泛采用电化学脱盐脱水法，其特点是除加破乳剂和加热沉降以外，还借助高压电场的作用进行破乳，大大加快破乳、油水分离和水沉降分离的速度并提高了脱盐脱水的效果。

18. 什么是偶极聚结原理?

答：原油乳状液中的水微滴，在交流和直流电场中，都会由于电感应而使两端带不同极性的电荷，产生诱导偶极。由于水微滴两端受到方向相反、大小相等的两个吸引力的作用，微滴被拉长成椭圆形。带有正负电荷的多个水滴在做定向位移时，因相互碰撞而合并成为大水滴，同时多个水滴在电场中定向排列成行，两个相邻水滴间因相邻端电荷极性相反，具有相互吸引力而产生偶极聚结力，使小水滴聚结成较大水滴，然后依靠重力沉降，达到加速破乳、脱盐脱水的目的。

19．为什么通常采用交流电场进行脱盐脱水？

答：在交流电场中，原油中水滴不断受到吸引、排斥和振荡作用而变形，水滴外层的乳化剂吸附膜因受力不均而遭破坏，小水滴合并成大水滴而沉降。由于交流电使用方便、破乳效率高，应用比较广泛。

20．偶极聚结力的表达式是什么？

答：原油中同样大小的球形水滴间的偶极聚结力，可用下式表达：

$$F = 6KE^2r^2\left(\frac{r}{l}\right)^4$$

式中　F——偶极聚结力，N；

K——原油的介电常数，F/m；

E——电场强度，V/cm；

r——水滴半径，cm；

l——两个水滴间中心距离，cm。

21. 影响偶极聚结力的因素有哪些？

答：由偶极聚结力表达式可见，偶极聚结力 F 与 $(r/l)^4$ 成正比，因此（r/l）是影响最大的因素，即水滴半径 r 越大，水滴数量越多（l 越小），偶极聚结力则急剧增大。其次是电场强度 E 的影响，E 增大，F 成比例增大。

22. 为什么电场强度不能太大？中国炼油厂常用的电场强度为多少？

答：当电场强度不小于电场临界分散强度(4700V/cm)时，水滴受电分散作用，使已聚结成的较大水滴重新分散，因此电场强度不能太大。中国炼油厂实际采用的强电场强度为 500 ~ 1000V/cm，弱电场强度为 150 ~ 300V/cm。

23. 原油脱盐时为什么要注水？

答：原油进入一级和二级脱盐罐前均需注水，其目的是溶解原油中的结晶盐，增大原油的含水量，以增加水滴的偶极聚结力。

24. 什么是电化学脱盐脱水？

答：原油中的盐大部分溶于水中，因此脱水的同时，盐也被脱除。常用的脱盐脱水过程是向原油中注入部分含氯低的新鲜水，以溶解原油中的结晶盐类，并稀释原有盐水，形成新的乳状液，然后在一定温度、压力和破乳剂及高压电场作用下，使微小的水滴聚集成较大水滴，因密度差别，水滴借助重力从油中沉降、分离，达到脱盐脱水的目的，称为电化学脱盐脱水，简称电脱盐过程。

25．电化学脱盐脱水采用了哪些加速油水分离的措施？

答：电化学脱盐脱水综合运用了加热、加破乳剂和高压电场几种措施，使原油破乳、水滴聚结而沉降分离。

第六章　原油蒸馏的换热方案及腐蚀与防腐

◇◇

1. 为什么要采用原油的换热流程对热量进行回收?

答：常减压蒸馏装置的能耗在炼油厂全厂能耗中占有重要比例，其能耗约为加工原油量的2%。原油蒸馏装置中，原油升温及部分汽化所需的热量很大，如不通过换热将这部分能量回收，则此热量最终是通过产品被冷却至出装置温度而被冷却水带走。在某些装置中，原油换热后的终温达300℃左右，热量的回收率达60%。由于馏出产品通过预原油换热降低了温度，从而也减少了冷却设备和冷却水用量，不仅节约了电能，还减少了冷却水循环系统的负荷。因此，原油的换热流程对炼厂节能及装置的投资、钢材消耗量和操作费用（水、电燃料耗量）都有重要的影响。

2. 换热方案一般是怎样确定的?

答：换热流程设计涉及的方面很广，冷、热流变量很多，因此问题比较复杂。尤其是常减压蒸馏装置的换热流程，在炼油厂各装置中可以说是最复杂的一个。理论上，可能的换热方案是无限多个，因此在选择换热方案时涉及最优化的问题。目前，对换热网络的优化普遍采用线性规划法和 Linhoff 提出的窄点技术。

3. 最优换热方案的判断标准是什么？

答：一个换热方案是否合理，要进行全面分析。一般认为能最大限度节约投资和操作费用的换热方案是最优的。一般说来，一个完善的换热流程应当满足以下要求：

（1）充分利用各种余热，使原油预热温度较高而且合理；

（2）换热器的换热强度较大，使用较少的换热面积就能达到换热要求；

（3）原油流动压降较小；

（4）操作和检修可靠、方便。

4. 选择换热方案的原则是什么？

答：选择换热方案的原则如下：

（1）尽可能选择温度高、热量大（即温位高）的油品作为热源；

（2）注意分析各线产品的换热价值；

（3）所选的换热流程既能充分回收余热，又能尽量节省设备投资。

5. 如何安排换热流程?

答：在安排换热流程时应注意以下几点：

(1) 原油要先与温度低的油品换热，再与温度较高的油品换热。

(2) 原油通过换热器的压降不要太大。一个热源需要通过若干个换热器时，要采用并联方式，以减小压降。

(3) 高温位热源的油品要进行多次换热，以充分回收热量。

6. 什么是热回收率?

答：热回收率η是指装置中换热回收的热量与换热回收热量加冷却负荷之比。

$$\eta = \frac{Q_1}{Q_1 + Q_2} \times 100\%$$

式中 Q_1——换热负荷，kJ/h；

Q_2——冷却负荷，kJ/h。

7. 什么是低温位热源?低温位热源利用有什么困难?

答：国内习惯于把温度低于130℃的热源归属于低温位热源，常减压蒸馏装置中有许多低温位热源，如初馏塔、常压塔顶油气、常一线产品、常压塔顶和减压塔顶循环油、常压炉和减压炉的烟气以及高温油品换热后的低温位热流等，低温位热源的数量巨大。低温位热量的回收是炼厂节能中的一个重要问题。由于环境温度的影响，并且夏天与冬天不同，南北地域不同，这些热源利用的热力学效率很低，低温位热源利用是一个世界性的技术难题。

低温位热源利用时遇到的困难如下：

(1) 换热时的传热温差小，投资费用较大。

(2) 装置流程复杂，操作难度增加，存在引起装置操作波动的危害。

(3) 本装置缺乏合适的冷流或热阱。

(4) 低温位的轻质油品与石油换热时，可能会因换热器渗漏而污染轻质油品。

(5) 采用水冷，会消耗冷却水资源，造成操作投资增加；采用空气冷凝器，虽然可以简化流程，但其会受到季节的影响而影响换热效果，并且需要消耗大量的电能。

8. 低温位热源利用有什么途径？

答：从热力学的观点来看，低温位热源的利用途径可分为两类：

(1) 按温位和热容量进行匹配直接换热，也可称为同级利用。例如，用于预热原料、预热各种工业用水、油罐区和工艺及仪表管线的伴热、生活供暖供热以及发生低压蒸汽等。

（2）通过转换设备回收动力、制冷或提高温位再利用，也可称为升级利用。例如，低温热发电、吸收制冷、热泵等。

从节能的全局来看，首先是尽量减少低温位热源的出现，而在回收低温位热量时则应优先考虑同级利用的途径，这是因为在能量转换的过程中必然会有损失，或者说存在效率问题。投资和运营费用也是应考虑的重要问题。

9. 什么是冷、热流的匹配问题？

答：常减压蒸馏装置换热流程中的冷流是原油，热流则是各馏出产品和循环回流。所谓冷、热流的匹配问题，是指如何安排各热流的换热顺序以获得最合理的总平均传热温差，从而使所需的总传热面积较小。

10. 什么是温位及热容量？

答：温位是表达流体温度高低的术语，热容量则是流体流率与焓值的乘积。热源的温位越高、热容量越大，则越值得换热利用。

11. 为什么换热流程不仅要考虑温位，还要考虑热容量？

答：换热器的传热温差不仅取决于热源的温位，还与热容量有密切关系。热容量小，则热流在换热过程中温度很快降低，使平均传热温差下降。因此，在安排换热顺序时，不仅要考虑热源的温位，还要考虑其热容量。

12．热量传递有哪几种基本型式？

答：热量传递有 3 种基本型式，即导热、对流和辐射。传热过程通常是 2 种或 3 种方式的复杂组合。

13．什么是间壁式热交换器？有哪些类型？

答：当一种流体与另一种流体进行热交换而且不允许混合时，就要求在间壁式热交换器中进行，冷、热流体被固体传热面隔开。间壁式热交换器的种类很多，如套管换热器、蛇管换热器、管壳式换热器和板式换热器等。其中，管壳式换热器单位体积内能够提供较大的传热面积，传热效果较好，适应性强，因此是生产上应用最广泛的换热设备。

14．管壳式换热器有哪几种类型？其适用范围各有什么不同？

答：管壳式换热器通常有固定管板式、U 形管式和浮头式 3 种型式，3 种结构各有优缺点，适用于不同的场合。其中，固定管板式适用于温差较小、壳程压力低的场合，壳程管间结垢不能清洗；U 形管式适用于温差较大、管内流体较干净的场合，管内可承受高压；浮头式适用面广泛，管内外均可承受高温高压。

15．管壳式换热器由几部分组成？

答：管壳式换热器主要由外壳、管板、管束和封头等部件组成。

16．传热量的计算公式是什么？

答：冷流传热量的计算公式为

$$Q = m_{s1}c_{p1}(t_2 - t_1)$$

热流传热量的计算公式为

$$Q = m_{s2}c_{p2}(T_1 - T_2)$$

式中　Q——传热量，kJ；

m_s——分别为冷、热流的质量，kg；

c_p——分别为冷、热流的比热容，kJ/(kg·℃)；

t，T——分别为冷、热流的温度，℃。

17．换热器计算的传热公式是什么？

答：换热器计算的传热公式为

$$Q = KA\Delta t_{\mathrm{m}}$$

式中　Q——换热器的换热量，W；

K——总传热系数，W/(m²·℃)；

A——传热面积，m²；

Δt_{m}——传热平均温差，℃。

18．传热平均温差是怎样计算的？

答：设 Δt_1 和 Δt_2 分别为换热器进、出口处冷、热物流的温度差，则对数平均温差为

$$\Delta t_{\mathrm{m}} = \frac{\Delta t_1 - \Delta t_2}{\ln(\Delta t_1 / \Delta t_2)}$$

当 $\Delta t_1/\Delta t_2 < 2$ 时，对数平均温差可用算术平均值 $\Delta t_m=(\Delta t_1+\Delta t_2)/2$ 代替。

19．总传热系数与哪些因素有关？

答：总传热系数 K 取决于两流体的对流传热系数、污垢层的热阻和管壁热阻等，管壁热阻一般很小，若忽略不计，则

$$K=\frac{1}{\frac{1}{\alpha_1}+R_{S1}+R_{S2}\frac{d_1}{d_2}+\frac{1}{\alpha_2}\cdot\frac{d_1}{d_2}}$$

式中　α_1，α_2——分别为管外和管内的对流传热系数，W/（$m^2\cdot$℃）；

R_{S1}，R_{S2}——分别为管外和管内的污垢热阻，$m^2\cdot$℃/W；

d_1，d_2——分别为管的外径和内径，m。

20．影响对流传热系数的因素有哪些？

答：影响对流传热系数的因素如下：

（1）流体的流动形态。湍流时的对流传热系数比层流时大得多。

（2）流体的性质。影响较大的物性有流体的比热容、导热系数、密度和黏度等，对每一种流体，这些物性又都是温度的函数。

（3）传热面的形状、大小和位置。圆管、套管环隙、翅片管等不同传热表面形状，管、板或管束，管径

和管长、管排列方式，垂直或水平放置，以及流体在管内或管外等，都影响对流传热。

21．强化传热的元件有哪些？

答：扩展管内或管外表面，采用管内插异物，改变管束支撑件形式等，都可以增强传热的效果。

（1）螺纹管：属于管外扩展表面的类型，在普通换热管外壁轧制成螺纹状的低翅片，用以增加外侧的传热面积。

（2）波纹管、内插物管等：属于改变管内流体流动状态，增强传热效果的典型管型。波纹管是在无切削的机加工中，管内被挤出凸肋从而改变管内滞流层的流动状态，减少了流体传热热阻，增强了传热效果。

（3）折流杆和双、三弓形折流板换热器：通过改变壳程管束支撑件、大幅降低阻力提高流速或改变流动方式，从而达到强化传热的目的。

22．什么是层流和湍流？

答：层流和湍流是流体的两种流动状态。当流速很小时，流体在管内分层流动，互不混合，这种流动称为层流或滞流。层流流体的流速在管中心处最大，在接近管壁处最小，管内流体的平均流速与最大流速之比等于0.5。当流速逐渐增加时，流体的流线开始出现波浪状的摆动，摆动的频率及振幅随流速的增加而增加，这种流况称为过渡流；当流速增加到很大时，流线不再清楚可辨，流场中有许多小漩涡，称为湍流，又称为紊流。

23．什么是雷诺数？

答：雷诺数是一个量纲一的纯数，它是流体力学中表征黏性影响的相似准数，是流体流动中惯性力与黏性力比值的量度，记作 Re：

$$Re = \frac{du\rho}{\mu}$$

式中　d——管径，m；

u——流速，m/s；

ρ——密度，kg/m^3；

μ——黏度，$N \cdot s/m^2$。

根据实验，流体在圆形直管内的流动，$Re < 2300$ 为层流状态，$Re > 4000$ 为湍流状态，$Re = 2300 \sim 4000$ 为过渡状态。雷诺数较小时，黏滞力对流场的影响大于惯性力，流场中流速的扰动会因黏滞力而衰减，流体流动稳定，为层流；反之，雷诺数较大时，惯性力对流场的影响大于黏滞力，流体流动较不稳定，流速的微小变化容易发展、增强，形成紊乱、不规则的湍流流场。

24．流体的黏度对流动压降和传热系数有什么影响？

答：黏度对膜传热系数的影响主要表现在对 Re 准数、Pr 准数及黏度校正系数的影响，并因管内、管外以及不同流区而异。总体来说，黏度越大，传热系数越小。黏度对流动压降的影响则视流体的流动状态而定，当 Re 准数较大时，黏度的影响很小；而当 Re 准数很小（在滞流区）时，阻力系数与黏度大小成正比。黏度随温度变化比较敏感，不同油品的黏度差别也较大，在设计换热流程方案时应充分考虑这些因素的影响。

25．流体的流速对流动压降和传热系数有什么影响？

答：流体的流速对流动压降和传热系数都有重要影响。流速越大，则流动压降大，使得泵的操作费用增加；但传热系数也随之增大，从而减小了换热面积，减少了在管子表面生成污垢的可能性。因此，在设计时应处理好这个对立统一的关系。

26．流体流速的大小主要取决于哪些因素？

答：流体流速的大小主要取决于换热器的选型、走管程还是走壳程、是否分两路或几路并联等因素。

27．原油中硫的存在形式是什么？哪些硫化物能造成设备的腐蚀？

答：原油中的硫主要以单质硫、硫化氢、硫醇、硫醚、二硫醚、环状硫化物等形式存在。一般情况下硫含量是指原油中的总硫含量，但并不是所有的硫化物都对设备产生腐蚀，只有能直接与金属反应的硫化物（也称活性硫），如单质硫、硫化氢、硫醇等，才能造成设备的腐蚀。

28．根据原油中的硫含量，将原油分类的标准是什么？

答：硫含量 <0.5% 的原油为低硫原油，硫含量 >2% 的原油为高硫原油，硫含量为 0.5% ～ 2% 的原油为含硫原油。

29．硫的腐蚀有什么特点？

答：硫化物在 200 ～ 400℃的温度范围内腐蚀性较强，且在此温度范围内硫化氢与铁反应的趋势远大于其分解的趋势，因此高温下的硫腐蚀以硫化氢引起的腐蚀为主。

30．石油中的酸性化合物有哪些？

答：石油中的酸性化合物包括环烷酸、脂肪酸、芳香酸以及酚类。环烷酸是一种含饱和环状结构的有机酸，石油中的酸性化合物以环烷酸含量最多，因此一般称石油中的酸为环烷酸。

31．高酸原油和低酸原油的划分标准是什么？

答：酸值不大于 0.5mg KOH/g 的原油为低酸原油，酸值大于 0.5mg KOH/g 的原油为高酸原油。

32. 环烷酸腐蚀的机理是什么？

答：在石油炼制过程中，环烷酸随原油一起被加热、蒸馏，并随与其沸点相同的油品进入流程，从而造成该馏分对设备材料的腐蚀。环烷酸腐蚀的反应机理如下：

$$2RCOOH+Fe \longrightarrow Fe(RCOO)_2+H_2\uparrow$$

环烷酸腐蚀形成的环烷酸铁是油溶性的，再加上介质的流动，从而环烷酸腐蚀的金属表面清洁、光滑无垢。在原油的高温高流速区域，环烷酸腐蚀呈顺流向产生锐缘的流线沟槽；在低流速区域，则呈边缘锐利的凹坑状。

33. 影响环烷酸腐蚀的因素有哪些？

答：影响环烷酸腐蚀的因素有酸值、环烷酸的活性、液相的流速、流态和硫含量等。对高温硫和酸腐蚀较重的设备可加注高温缓蚀剂，在设备表面形成保护膜，减少设备的腐蚀。

34. 蒸馏装置常见的腐蚀有哪些？

答：蒸馏装置常见的腐蚀如下：

（1）高温重油部位对金属的腐蚀。

常见于加热炉管、转油线、蒸馏塔底及热油泵叶轮等部位。其主要是由活性硫和环烷酸引起的。

（2）低温轻油部位对金属的腐蚀。

常见于冷凝水出现的相变区（如塔顶冷凝冷却系

统)。其主要原因是原油中的盐水解生成盐酸，属 HCl–H_2O 型腐蚀；若原油中既含盐又含硫，则腐蚀更为严重，属 H_2S–HCl–H_2O 型腐蚀。

35. 炼油厂常用的防腐措施是什么？

答：目前炼油厂防腐蚀最常用的办法是采用“一脱四注”工艺。

“一脱”指原油的脱盐脱水。

“四注”如下：

(1) 原油注碱（即纯碱），以中和不易水解的 NaCl 及 H_2S、HCl 和环烷酸等。

(2) 塔顶馏出管线注氨（气、液态均可），以中和残余的 H_2S、HCl，生成的氯化铵在浓度高时会沉积下来，形成垢下腐蚀，因此要与注水配合使用。

(3) 塔顶馏出管线注水，使氯化铵溶解于水中而除去。

(4) 塔顶馏出管线注缓蚀剂，缓蚀剂吸附在金属表面能形成保护膜，从而延缓腐蚀。实践证明，与注氨配合使用，效果更好。

参考文献

[1] 李阳初，刘雪暖，2008. 石油化学工程原理 [M]. 北京：中国石化出版社 .
[2] 刘家祺，2018. 分离过程 [M]. 北京：化学工业出版社 .
[3] 刘巍，邓方义，2008. 冷换设备工艺计算手册 [M]. 2 版 . 北京：中国石化出版社 .
[4] 杨朝合，山红红，2013. 石油加工概论 [M]. 2 版 . 东营：中国石油大学出版社 .
[5] 徐春明，杨朝合，2009. 石油炼制工程 [M]. 4 版 . 北京：石油工业出版社 .